动物检疫
知识问答

中国动物疫病预防控制中心 组编

中国农业出版社
·北京·

图书在版编目（CIP）数据

动物检疫知识问答 / 中国动物疫病预防控制中心组编．—北京：中国农业出版社，2020.10（2021.3
ISBN 978-7-109-27362-7

Ⅰ．①动… Ⅱ．①中… Ⅲ．①动物检疫—问题解答 Ⅳ．①S851.34

中国版本图书馆CIP数据核字（2020）第181958号

动物检疫知识问答
DONGWU JIANYI ZHISHI WENDA

中国农业出版社出版
地址：北京市朝阳区麦子店街18号楼
邮编：100125
责任编辑：王森鹤　周晓艳
责任校对：吴丽婷
印刷：北京缤索印刷有限公司
版次：2020年10月第1版
印次：2021年3月北京第2次印刷
发行：新华书店北京发行所
开本：889mm×1194mm　1/48
印张：1 1/3
字数：18千字
定价：20.00元

版权所有·侵权必究
凡购买本社图书，如有印装质量问题，我社负责调换。

服务电话：010-59195115　010-59194918

编写人员

主　编　张　弘　蔺　东　骆双庆

副主编　徐　一　张志远　金喜鑫

参　编　李　扬　赵　婷　孟　伟

　　　　　　马文涛　班曼曼　贾广敏

　　　　　　侯　伟

动物检疫监管工作是强化动物疫病防控的重要保障，是维护养殖业健康发展、保障动物源性食品安全和公共卫生安全的有力手段。非洲猪瘟疫情在我国发生以来，违法违规分子逃避检疫、违规调运等行为时有发生，部分违法违规行为造成了非洲猪瘟疫情的流行传播，严重影响非洲猪瘟防控工作有序开展。

为进一步规范管理动物检疫工作，促进管理相对人明确在动物检疫监管活动中的责任和义务，发挥管理相对人的动物防疫主体责任，我们组织编制了《动物检疫知识问答》一书，通过一问一答的形式，梳理管理相对人在动物检疫、畜禽运输、落地监管等环节的责任和义务，宣贯管理相对人需要掌握和了解的管理要求，推动形成全社会齐抓共管、协同配合的动物检疫监管新格局。

由于编者水平有限，加之时间仓促，本书难免有疏漏之处，敬请大家批评指正。

编　者

2020年9月

CONTENTS 目录

前言

一、动物检疫篇

1. 在什么情况下，动物及动物产品需要
   申报检疫？ ……………………………2

2. 养殖场（户）出售或者运输畜禽前，
   应当由谁申报检疫？ ……………………2

3. 动物、动物产品在离开产地前，对申报
   检疫的具体时限要求是什么？ …………3

4. 畜禽屠宰前，对申报检疫的具体时限
   要求是什么？ ……………………………3

5. 申报检疫的方式有哪些？ ………………4

6. 出售或者运输畜禽前，申报检疫应提交
   哪些材料？ ………………………………4

7. 跨省引进乳用种用动物检疫审批的条件
   有哪些？ …………………………………5

8. 出售或者运输羊驼前，需要申报检
   疫吗？ ……………………………………5

9. 集中屠宰马、驴、骆驼、梅花鹿、马鹿、羊驼等，需要申报检疫吗？ ……6

10. 省内出售、运输实验动物需要检疫吗？ ………………………………6

11. 跨省出售、运输实验动物，申报检疫应提交什么材料？ ………………7

12. 实验动物的检疫范围是什么？ ………8

13. 犬、猫申报产地检疫，应准备和提供哪些材料？ …………………… 10

14. 犬、猫申报产地检疫，实验室检测项目有哪些？ …………………… 10

15. 官方兽医实施产地检疫时，饲养场（养殖小区）应准备哪些材料供官方兽医查验？ ………………………… 11

16. 跨省调运种猪产地检疫实验室检测项目有哪些？检测比例有什么要求？ …………………………… 11

17. 跨省调运种猪产地检疫时，非洲猪瘟实验室检测的时限是多长时间？ …… 12

18. 跨省调运种猪产地检疫时，非洲猪瘟
    实验室检测报告由哪些机构出具？ … 12

19. 跨省调运种猪，用于非洲猪瘟实验室
    检测的血液样品可以混样吗？ …… 12

20. 《非洲猪瘟防控强化措施指引》要求
    建立非洲猪瘟疫情分片包村包场排查
    工作机制，其中对养殖场（户）的要
    求有哪些？ ………………………… 13

21. 养猪场（户）发现生猪出现异常死亡
    等情况时，应采取哪些措施？ …… 14

22. 养猪场（户）因使用餐厨废弃物喂猪
    引发疫情或造成疫情扩散的，有什么
    后果？ ……………………………… 14

23. 养猪场（户）使用未经国家批准的
    兽用疫苗或使用餐厨废弃物饲喂生
    猪，出栏生猪能否取得动物检疫合
    格证明？ …………………………… 15

24. 生猪屠宰企业应当为官方兽医驻场
    检疫提供哪些条件？ ……………… 15

25. 生猪屠宰环节"两项制度"
是什么？ …………………………… 15

26. 生猪屠宰企业未进行非洲猪瘟自检
能否出具检疫证明？ ……………… 16

27. 检疫证明和畜禽标识可以
转让吗？ …………………………… 17

28. 谁是病死畜禽无害化处理的第一责
任人？ ……………………………… 17

29. 经检疫不合格的动物应如何
处理？ ……………………………… 18

30. 生产、销售病死、死因不明或者
检验检疫不合格的畜禽及其肉类的，
触犯刑法吗？ …………………… 18

31. 不履行动物疫情报告义务的，
如何处罚？ ………………………… 19

32. 不遵守县级以上人民政府及其
兽医主管部门依法作出的有关
控制、扑灭动物疫病规定的，
如何处罚？ ………………………… 19

二、畜禽运输篇

33. 生猪运输车辆应当具备什么
条件？ …………………………………… 22

34. 生猪运输车辆应当如何进行
备案？ …………………………………… 22

35. 生猪运输车辆在哪里进行现场
备案？ …………………………………… 23

36. 生猪运输车辆现场备案需要提供
哪些原件及复印件？ ………………… 24

37. 什么情况下生猪运输车辆应当配备
车辆定位跟踪系统？ ………………… 24

38. 生猪运输车辆定位跟踪系统信息
应保存多久？ …………………………… 25

39. 生猪运输车辆备案审核通过后
有效期是多久？ ………………………… 25

40. 生猪装载前和卸载后，运输工具
需要清洗消毒吗？ …………………… 26

41. 非洲猪瘟防控期间，车辆及运输工具
消毒推荐使用哪些消毒剂？ ……… 26

42. 承运人如何填写清洗消毒记录？ … 26

43. 生猪运输台账需要记录哪些内容？ … 27

44. 在非洲猪瘟疫情应急响应期间，从事
生猪收购贩运的单位和个人出现违法
违规记录，有什么后果？ ………… 27

45. 承运人在什么情况下不得承运
生猪？ ……………………… 28

46. 生猪运输途中，货主或承运人要注意
哪些事项？ ………………………… 28

47. 运输过程中，出现畜禽死亡应如何
处理？ ……………………………… 29

48. 承运人运输途中是否需要接受公路
动物卫生监督检查站监督检查？ …… 30

49. 使用未备案车辆运输生猪，被发现
后生猪怎么处理？ ………………… 30

50. 生猪运输备案车辆存在违法违规
调运行为的，有何后果？ ………… 31

51. 生猪运输备案车辆检测出非洲猪瘟
阳性的，如何处置？ ……………… 31

52. 易感畜禽可以从动物疫病高风险
    区向低风险区调运吗？ …………… 31

53. 发生非洲猪瘟疫情后，受威胁区内
    生猪是否可以调出？ ……………… 32

54. 非洲猪瘟疫区解除封锁前，满足
    什么条件，非洲猪瘟疫区所在县
    内的生猪养殖企业可在本省范围
    内与屠宰企业实施出栏肥猪"点对
    点"调运？ …………………………… 33

55. 非洲猪瘟疫区解除封锁前，疫区
    所在县内实施"点对点"调运的
    出栏肥猪进行非洲猪瘟实验室检
    测有什么要求？ …………………… 35

56. 非洲猪瘟疫区解除封锁前，疫区所在
    县的种猪、商品仔猪能够调出吗？ … 35

57. 非洲猪瘟疫区解除封锁前，疫区所在
    县以外的哪些生猪可调出本省？ … 36

58. 运输途中发现非洲猪瘟疫情的，
    生猪和运载工具应如何处置？ …… 36

59. 运输途中发现非洲猪瘟疫情的，如何划定疫点？ …………………… 37

60. 动物、动物产品的运载工具在装载前和卸载后未进行清洗消毒将接受什么处罚？ ………………………… 37

61. 不按规定处置病死或死因不明动物尸体的，将接受什么处罚？ ……… 38

62. 不按规定处置经检疫不合格的动物、动物产品的，将接受什么处罚？ …… 38

63. 屠宰、经营、运输病死或死因不明动物的，将接受什么处罚？ ……… 38

64. 未办理审批手续跨省引进种猪的，如何处罚？ …………………… 39

65. 屠宰、经营、运输依法应当检疫而未经检疫的动物，如何处罚？ …… 39

66. 屠宰、经营、运输的动物未附有检疫证明，经营和运输的动物产品未附有检疫证明、检疫标志的，如何处罚？ …………………… 40

67. 参加展览、演出和比赛的动物未附
有检疫证明的，如何处罚？ ……… 40

三、落地管理篇

68. 生猪养殖场（户）在引种和补栏时
要注意什么？ ………………… 42

69. 生猪屠宰企业要严格入场查验，
不得收购、屠宰哪些情形的
生猪？ ……………………… 42

70. 跨省引进用于饲养的非乳用、
非种用动物到达目的地后，应当
如何报告？ ………………… 43

71. 跨省引进种猪，应当如何申请办理
跨省引进乳用、种用动物检疫审批
手续？ ……………………… 43

72.《跨省引进乳用种用动物检疫审批
表》有效期是多久？ ………… 44

73. 跨省引进乳用、种用动物落地后，如
何实施隔离观察？ …………… 44

74. 跨省引进非种用动物落地后，未按规定报告的，如何处罚？ …………… 45

75. 未办理审批手续跨省引进种猪的，如何处罚？ ………………………… 45

76. 跨省引进种猪未按规定进行隔离观察的，如何处罚？ ……………………… 46

77. 违规调运生猪，引发重大动物疫情的，需承担刑事责任吗？ ………… 47

一

动物检疫篇

1 在什么情况下，动物及动物产品需要申报检疫?

答： 屠宰、出售或者运输动物以及出售或者运输动物产品前，畜主（货主）应当向当地动物卫生监督机构申报检疫。

2 养殖场（户）出售或者运输畜禽前，应当由谁申报检疫?

答： 出售或者运输畜禽前，畜禽养殖场（户）应当向当地动物卫生监督机构申报检疫。畜禽养殖场（户）委托畜禽收购贩运单位或个人代为申报检疫的，应当出具委托书，提供申报材料。

3 动物、动物产品在离开产地前，对申报检疫的具体时限要求是什么？

答： 出售、运输动物产品和供屠宰、继续饲养的动物，应当提前3天申报检疫。

出售、运输乳用动物、种用动物及其精液、卵、胚胎、种蛋，以及参加展览、演出和比赛的动物，应当提前15天申报检疫。

向无规定动物疫病区输入相关易感动物、易感动物产品的，除按规定向输出地动物卫生监督机构申报检疫外，还应当在启运3天前向输入地省级动物卫生监督机构申报检疫。

4 畜禽屠宰前，对申报检疫的具体时限要求是什么？

答： 屠宰动物的，应当提前6小时向所在地动物卫生监督机构申报检疫；急宰动物的，可以随时申报。

5 **申报检疫的方式有哪些?**

答: 可以直接到动物检疫申报点填报，也可以通过传真、电话或者各地动物检疫信息化系统申报。通过电话申报的，需要在现场补填检疫申报单。

6 **出售或者运输畜禽前，申报检疫应提交哪些材料?**

答: 应当提交检疫申报单；跨省、自治区、直辖市调运乳用动物、种用动物及其精液、胚胎、种蛋的，还应当同时提交输入地动物卫生监督机构批准的《跨省引进乳用种用动物检疫审批表》。

7 跨省引进乳用种用动物检疫审批的条件有哪些？

答： 输出和输入饲养场、养殖小区取得《动物防疫条件合格证》；输入饲养场、养殖小区存栏的动物符合动物健康标准；输出的乳用、种用动物养殖档案相关记录符合农业农村部规定；输出的精液、胚胎、种蛋的供体符合动物健康标准。

8 出售或者运输羊驼前，需要申报检疫吗？

答： 需要。羊驼的产地检疫依照《反刍动物产地检疫规程》执行，检疫对象暂定为口蹄疫、布鲁氏菌病、结核病、炭疽、小反刍兽疫。

9 集中屠宰马、驴、骆驼、梅花鹿、马鹿、羊驼等，需要申报检疫吗?

答: 需要。马、驴、骆驼、梅花鹿、马鹿、羊驼等的屠宰检疫，依照《畜禽屠宰卫生检疫规范》（NY 467—2001）执行。

10 省内出售、运输实验动物需要检疫吗?

答: 不需要。省内出售、运输实验动物的，凭加盖实验动物生产单位印章的

《实验动物生产许可证》（复印件）及附具的质量检测报告（复印件）出售、运输。

11 跨省出售、运输实验动物，申报检疫应提交什么材料？

答： 应提交动物检疫申报单；实验动物生产单位的《实验动物生产许可证》（复印件）；实验动物使用单位的《实验动物使用许可证》（复印件）；实验动物质量合格证（复印件），并附符合该实验动物微生物学等级标准最近3个月内（无菌动物为最近1年内）的实验动物质量检测报告

（复印件）；实验动物免疫情况（作为生物制品原料的、用于特定病原研究和生物制品质量评价的以及按照标准规定不能免疫的实验动物除外）。

12 实验动物的检疫范围是什么？

答：实验动物是指经人工饲育，对其携带的微生物实行控制，遗传背景明确或者来源清楚的，用于科学研究、教学、生产、检定以及其他科学实验的动物。实验动物的检疫范围包括列入实验动物品种及质量等级名录的所有实验动物。未列入名录中的动物不属于实验动物，不得按照实验动物检疫要求进行检疫。

实验动物品种及质量等级名录

实验动物	等级			
	普通级	清洁级	SPF级	无菌级
小鼠		●	●	●
大鼠		●	●	●
地鼠	●	●	●	●
豚鼠	●	●	●	●
兔	●	●	●	●
犬	●		●	
猴	●		●	
鸡（不含蛋、胚）			●	
鸭（黑龙江）			●	
树鼩（云南）	●			
实验用小型猪（北京）	●	●	●	
实验用鱼（北京）	●		●	
实验用羊（上海）	●			
实验用雪貂（江苏）	●			
实验用史宾格犬（江苏）	●			
实验用猫（河北）	●			
东方田鼠（湖南）	●	●	●	

注：1.标明地点的为地方标准，其他为国家标准。

2.实验动物标准可在中国实验动物信息网（http://www.lascn.net）查询。

13 **犬、猫申报产地检疫，应准备和提供哪些材料?**

答: 除动物检疫申报单外，饲养场申报检疫的，应提供养殖场《动物防疫条件合格证》和养殖档案、相应疫病实验室检测报告；个人申报检疫的，应提供狂犬病免疫证明及相应疫病实验室检测报告。

14 **犬、猫申报产地检疫，实验室检测项目有哪些?**

答: 犬瘟热、犬细小病毒病或猫泛白细胞减少症（猫瘟）检测以及狂犬病免疫抗体检测。

15 官方兽医实施产地检疫时，饲养场（养殖小区）应准备哪些材料供官方兽医查验？

答: 《动物防疫条件合格证》和养殖档案；调运种用动物的，查验《种畜禽生产经营许可证》；按规定需要进行动物疫病实验室检测的，提供动物疫病实验室检测报告。

16 跨省调运种猪产地检疫实验室检测项目有哪些？检测比例有什么要求？

答: 跨省调运种猪的，需要进行非洲猪瘟检测，检测数量（比例）100%。

口蹄疫、猪瘟、高致病性猪蓝耳病、猪圆环病毒病、布鲁氏菌病5种动物疫病，在种猪场日常监测的基础上开展风险评估。

17 跨省调运种猪产地检疫时，非洲猪瘟实验室检测的时限是多长时间？

答： 调运前3天。样品送检前至种猪调出前对拟调运种猪采取隔离观察措施的，检测时限可以延长至调运前7天。

18 跨省调运种猪产地检疫时，非洲猪瘟实验室检测报告由哪些机构出具？

答： 省级动物疫病预防控制机构以及经省级畜牧兽医主管部门批准符合条件的实验室。

19 跨省调运种猪，用于非洲猪瘟实验室检测的血液样品可以混样吗？

答： 在非洲猪瘟实验室检测方面，采集的血液样品可按照一定的生猪数量进行混样，具体混样数量可根据有关技术指标科学确定。

20 《非洲猪瘟防控强化措施指引》要求建立非洲猪瘟疫情分片包村包场排查工作机制，其中对养殖场（户）的要求有哪些？

答： 养殖场（户）要明确排查报告员，每天向包村包场责任人报告生猪存栏、发病、死亡及检出阳性等情况。如不按要求报告或弄虚作假，将被列为重点监控场（户），生猪出栏报检时要加附第三方出具的非洲猪瘟检测报告。

21 养猪场（户）发现生猪出现异常死亡等情况时，应采取哪些措施？

答： 应当立即向当地畜牧兽医主管部门、动物卫生监督机构或者动物疫病预防控制机构报告，并采取隔离等控制措施，防止疫情扩散。

22 养猪场（户）因使用餐厨废弃物喂猪引发疫情或造成疫情扩散的，有什么后果？

答： 养猪场（户）因使用餐厨废弃物喂猪引发疫情或造成疫情扩散的，不给予强制扑杀补助，并追究法律责任。

23 养猪场（户）使用未经国家批准的兽用疫苗或使用餐厨废弃物饲喂生猪，出栏生猪能否取得动物检疫合格证明？

答： 对查验中发现使用未经国家批准的兽用疫苗或使用餐厨废弃物饲喂生猪的，不予出具动物检疫合格证明。

24 生猪屠宰企业应当为官方兽医驻场检疫提供哪些条件？

答： 生猪屠宰企业应当提供与屠宰规模相适应的官方兽医检疫室及检疫操作台等设施。

25 生猪屠宰环节"两项制度"是什么？

答： 生猪屠宰环节"两项制度"分别是官方兽医派驻制度和非洲猪瘟自检制度。

官方兽医派驻制度要求各地要在生猪屠宰厂（场）足额配备官方兽医，大型、中小型生猪屠宰厂（场）和小型生猪屠宰

"两项制度"

点分别配备不少于10人、5人和2人，生猪屠宰厂（场）要为官方兽医开展检疫提供人员协助和必要条件。

非洲猪瘟自检制度要求生猪屠宰企业要严格依据农业农村部第119号公告要求，按照"批批检、全覆盖"的原则全面开展非洲猪瘟检测。

26 生猪屠宰企业未进行非洲猪瘟自检能否出具检疫证明？

答： 不能。对于未经非洲猪瘟病毒检测或检测结果为阳性的生猪产品，都不得出具动物检疫合格证明。

27 检疫证明和畜禽标识可以转让吗?

答: 不可以。按照《中华人民共和国动物防疫法》第七十九条规定,转让、伪造或者变造检疫证明、检疫标志或者畜禽标识的,由动物卫生监督机构没收违法所得,收缴检疫证明、检疫标志或者畜禽标识,并处三千元以上三万元以下罚款。

28 谁是病死畜禽无害化处理的第一责任人?

答: 从事畜禽饲养、屠宰、经营、运输的单位和个人是病死畜禽无害化处理的第一责任人,负有对病死畜禽及时进行无害化处理并向当地农业农村部门报告畜禽死亡及处理情况的义务。任何单位和个人不得抛弃、收购、贩卖、屠宰、加工病死畜禽。

29 经检疫不合格的动物应如何处理?

答: 经检疫不合格的动物,货主应当在动物卫生监督机构监督下按照国务院兽医主管部门的规定处理,处理费用由货主承担。

30 生产、销售病死、死因不明或者检验检疫不合格的畜禽及其肉类的,触犯刑法吗?

答: 触犯。按照《最高人民法院、最高人民检察院关于办理危害食品安全刑事案件适用法律若干问题的解释》(法释

〔2013〕12号）规定: 生产、销售属于病死、死因不明或者检验

检疫不合格的畜、禽、兽、水产动物及其肉类、肉类制品的，应当认定为刑法第一百四十三条规定的"足以造成严重食物中毒事故或者其他严重食源性疾病"。

31 不履行动物疫情报告义务的，如何处罚?

答:《中华人民共和国动物防疫法》第八十三条规定，不履行动物疫情报告义务的，由动物卫生监督机构责令改正;拒不改正的，对违法行为单位处一千元以上一万元以下罚款，对违法行为个人可以处五百元以下罚款。

32 不遵守县级以上人民政府及其兽医主管部门依法作出的有关控制、扑灭动物疫病规定的，如何处罚?

答:《中华人民共和国动物防疫法》第八十条规定，不遵守县级以上人民政府及其兽医主管部门依法作出的有关控制、扑灭动物疫病规定的，由动物卫生监督机构责令改正，处一千元以上一万元以下罚款。

畜禽运输篇

33 生猪运输车辆应当具备什么条件?

答: 生猪运输车辆应当符合农业农村部公告第79号规定,并通过承运人所在地县级畜牧兽医主管部门备案。

34 生猪运输车辆应当如何进行备案?

答: 第一步:通过微信搜索"牧运通",找到小程序。

第二步:进入小程序"牧运通"后点击"备案申请",进入运输车辆备案信息录入和资料上传页面,按

照提示填写相关内容、上传有关证件。

第三步：在确保所有信息无误的情况下，点击提交，完成备案信息填写。部分省份自建生猪运输车辆平台的，承运人在当地省级平台上进行备案即可。

第四步：经主管部门现场审核无误后，发放盖有公章的"生猪运输车辆备案表"，即完成备案。

35 生猪运输车辆在哪里进行现场备案？

答： 承运人通过"牧运通"提交信息后，需携带备案所需材料原件、复印件到车辆所有人或承运人所在地县级畜牧兽医主管部门进行现场备案审核。

36 生猪运输车辆现场备案需要提供哪些原件及复印件?

答: 现场备案时,应当提交下列材料的原件及复印件:

(1)车辆所有人的身份证或工商营业执照。

(2)备案申请人的道路运输经营许可证。

(3)备案车辆的机动车行驶证。

(4)备案车辆的车辆营运证。

总质量4.5吨及以下车辆不需要提供道路运输经营许可证和车辆营运证。

37 什么情况下生猪运输车辆应当配备车辆定位跟踪系统?

答: 跨省、自治区、直辖市运输生猪的车辆,以及发生疫情省份

及其相邻省份内跨县调运生猪的车辆申请备案时，应当配备车辆定位跟踪系统。

38 生猪运输车辆定位跟踪系统信息应保存多久？

答： 生猪运输车辆定位跟踪系统相关信息记录应保存半年以上。

39 生猪运输车辆备案审核通过后有效期是多久？

答： 申请备案的生猪运输车辆审核通过后有效期为1年，到期后需要重新申请备案，建议承运人在有效期不足30天时尽快重新申请备案。重新申请备案时，"牧运通"默认提供上一次备案信息，承运人在原有信息上做更新替换，若备案各项信息和资料无变化可在申请页面点击提交申请，不需要再进行现场审核。

40 生猪装载前和卸载后，运输工具需要清洗消毒吗？

答： 需要。承运人应当在装载前和卸载后及时对运输车辆进行清洗、消毒。

41 非洲猪瘟防控期间，车辆及运输工具消毒推荐使用哪些消毒剂？

答： 车辆及运输工具消毒推荐使用酚类、戊二醛类、季铵盐类、复方含碘类（碘、磷酸、硫酸复合物）消毒剂。

42 承运人如何填写清洗消毒记录？

答： 承运人可在"牧运通"首页点击"洗消登记"进入洗消记录页面，按要求填写清洗消毒信息。承运人每次运输完成前、后需建立相应清洗及消毒记录，并按照要求上传清晰度相对较高的车辆清洗、消毒照片，信息及照片上传完成后点击提交形成相应记录。

43 生猪运输台账需要记录哪些内容?

答: 承运人承运生猪应建立运输台账，详细记录检疫证明号码、生猪数量、运载时间、启运地点、到达地点、运载路径、车辆清洗、消毒以及运输过程中染疫、病死、死因不明生猪处置等内容。

44 在非洲猪瘟疫情应急响应期间，从事生猪收购贩运的单位和个人出现违法违规记录，有什么后果?

答: 出现过一次有关违法违规记录的，申报检疫时，涉及的生猪应附具非洲猪瘟检测报告，检测报告由有资质的第三方检测机构出具，检测比例不得低于该批次生猪数量的30%；出现过两次及以上有关违法违规记录的，暂停受理与其相关的检疫申报。

45 承运人在什么情况下不得承运生猪?

答: 运输车辆未取得生猪运输车辆备案表、未经清洗消毒、生猪未经检疫或未附有动物检疫合格证明、生猪未佩戴耳标或耳标不齐全的情况下，承运人不得承运生猪。

46 生猪运输途中，货主或承运人要注意哪些事项?

答: 不得隐瞒疫情。生猪承运人发现生猪染疫或疑似染疫的，应当立即报告当地畜牧兽医部门。

　　不得销售疑似染疫生猪。承运人不得贩运疑似染疫生猪。发现疑似染疫生猪的，要立即采取隔离、限制移动等措施。

　　不得擅自更改生猪运输目的地。承运人要严格按照动物检疫合格证明载明的目的地运输生猪，装载前、卸载后要对车辆严格清洗、消毒。

　　不得随意丢弃病死猪。

47 运输过程中，出现畜禽死亡应如何处理？

答： 运输过程中的染疫畜禽及其排泄物、病死或死因不明的畜禽尸体，不得随意丢弃，应当委托途经地病死畜禽无害化处理厂进行处理，所需费用由货主承担。

48 承运人运输途中是否需要接受公路动物卫生监督检查站监督检查？

答： 承运人运输途中应主动接受公路动物卫生监督检查站的监督检查，并遵守有关省份指定通道通行规定，不得闯岗，配合做好查证验物、车辆消毒等工作。

49 使用未备案车辆运输生猪，被发现后生猪怎么处理？

答： 一经发现立即对生猪进行检测，未检出阳性的就近屠宰，检出阳性的就地无害化处理并不给予补助。

50 生猪运输备案车辆存在违法违规调运行为的，有何后果？

答： 发现涉嫌违法违规调运的生猪运输备案车辆，立即取消备案。

51 生猪运输备案车辆检测出非洲猪瘟阳性的，如何处置？

答： 各级畜牧兽医主管部门会定期对生猪运输备案车辆开展非洲猪瘟检测，检出阳性的，暂停备案；整改不到位的，一律取消备案。

52 易感畜禽可以从动物疫病高风险区向低风险区调运吗？

答： 用于饲养的畜禽不得从高风险区调运到低风险区，种用、乳用动物（不含淘汰的）除外。

用于屠宰的畜禽可跨风险区从养殖场（户）"点对点"调运到屠宰场，调运途中不得卸载。

　　无规定动物疫病区、无规定动物疫病小区、动物疫病净化场的畜禽可跨相关动物疫病风险区调运。

53 发生非洲猪瘟疫情后，受威胁区内生猪是否可以调出？

答：禁止调出未按规定检测、检疫的生猪；经实验室检测、检疫合格的出栏肥猪，可经指定路线就近屠宰；对具有独立法人资格、取得《动物防疫条件合格证》、按规定检测合格的养殖场（户），其出栏肥猪可与本省符合条件的屠宰企业实行"点对点"调运，出售的种猪、商品仔猪（重量在30千克及以下且用于育肥的生猪）可在本省范围内调运。

54 非洲猪瘟疫区解除封锁前，满足什么条件，非洲猪瘟疫区所在县内的生猪养殖企业可在本省范围内与屠宰企业实施出栏肥猪"点对点"调运？

答：（1）养殖企业应当符合的条件：

①具有独立法人资格，拟调出生猪的养殖场取得《动物防疫条件合格证》，防疫管理制度健全，配备专职兽医人员。

②具有较高生物安全水平，过去3年内未发生重大动物疫情，在部、省两级重大动物疫病抗体监测中，未出现低于国家规定标准的情形。

③县域内无屠宰企业或现有屠宰企业产能不足。

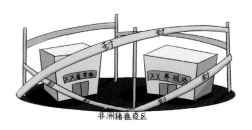

非洲猪瘟疫区

④按规定开展非洲猪瘟实验室检测，检测结果为非洲猪瘟病毒核酸阴性。

⑤与屠宰企业签订专项供应生产合同。

（2）屠宰企业应当符合的条件：

①取得《生猪定点屠宰许可证》。

②拟调入生猪的屠宰厂（场）2017年实际屠宰生猪15万头以上。

③过去3年内，在相关部门无产品质量方面的不良记录，在部、省两级农产品质量安全监督检测中未检出禁用药物或违禁添加物。

④经省级畜牧兽医主管部门检查，符合《生猪屠宰厂（场）监督检查规范》（农医发〔2016〕14号）要求。

⑤能够按照生猪来源场（户）分批屠宰生猪。

55 非洲猪瘟疫区解除封锁前，疫区所在县内实施"点对点"调运的出栏肥猪进行非洲猪瘟实验室检测有什么要求？

答： 按照每个出栏肥猪待出栏圈采集2头生猪血液样品进行非洲猪瘟实验室检测，拟出栏生猪总数不足5头的，全部检测。

56 非洲猪瘟疫区解除封锁前，疫区所在县的种猪、商品仔猪能够调出吗？

答： 疫区所在县的种猪、商品仔猪（重量在30千克及以下且用于育肥的生猪）经非洲猪瘟检测合格和检疫合格后，可在本省范围内调运。

57 非洲猪瘟疫区解除封锁前，疫区所在县以外的哪些生猪可调出本省？

答： 发生非洲猪瘟疫情后，疫区所在县以外的种猪、商品仔猪经非洲猪瘟检测合格和检疫合格后，可调出本省。

58 运输途中发现非洲猪瘟疫情的，生猪和运载工具应如何处置？

答： 运输途中发现非洲猪瘟疫情的，疫情发生所在地的县级人民政府会依法及时组织扑杀运输的所有生猪，对所有病死猪、被扑杀猪及其产品，以及排泄物、餐厨废弃物、被

无害化处理　　　　暂扣车辆消毒

污染或可能被污染的饲料和垫料、污水等进行无害化处理，对运载工具实施暂扣，并进行彻底清洗消毒，不得劝返。

59 运输途中发现非洲猪瘟疫情的，如何划定疫点？

答： 在运输过程中发现疫情的，以运载病猪的车辆、船只、飞机等运载工具为疫点。

60 动物、动物产品的运载工具在装载前和卸载后未进行清洗消毒将接受什么处罚？

答： 运载工具在装载前和卸载后没有及时清洗、消毒的，由动物卫生监督机构责令改正，给予警告；拒不改正的，由动物卫生监督机构代作处理，所需处理费用由违法行为人承担，可以处一千元以下罚款。

61 **不按规定处置病死或死因不明动物尸体的，将接受什么处罚？**

答：由动物卫生监督机构责令无害化处理，所需处理费用由违法行为人承担，可以处三千元以下罚款。

62 **不按规定处置经检疫不合格的动物、动物产品的，将接受什么处罚？**

答：由动物卫生监督机构责令无害化处理，所需处理费用由违法行为人承担，可以处三千元以下罚款。

63 **屠宰、经营、运输病死或死因不明动物的，将接受什么处罚？**

答：由动物卫生监督机构责令改正、采取补救措施，没收违法所得和动物、动物产品，并

处同类检疫合格动物、动物产品货值金额
一倍以上五倍以下罚款。

64 未办理审批手续跨省引进种猪的，如何处罚？

答： 由动物卫生监督机构责令改正，处
一千元以上一万元以下罚款；情节严重
的，处一万元以上十万元以下罚款。

65 屠宰、经营、运输依法应当检疫而未经检疫的动物，如何处罚？

答： 由动物卫生监督机构责令改正，处同
类检疫合格动物、动物
产品货值金额百分之十
以上百分之五十以下罚
款；对货主以外的承运
人处运输费用一倍以上
三倍以下罚款。

66 屠宰、经营、运输的动物未附有检疫证明，经营和运输的动物产品未附有检疫证明、检疫标志的，如何处罚？

答: 由动物卫生监督机构责令改正，处同类检疫合格动物、动物产品货值金额百分之十以上百分之五十以下罚款；对货主以外的承运人处运输费用一倍以上三倍以下罚款。

67 参加展览、演出和比赛的动物未附有检疫证明的，如何处罚？

答: 由动物卫生监督机构责令改正，处一千元以上三千元以下罚款。

三

落地管理篇

68 生猪养殖场（户）在引种和补栏时要注意什么？

答： 要增强风险防控意识，在引种和补栏时不购买无检疫合格证明、无牲畜耳标、无非洲猪瘟检测报告、未使用备案车辆运输，或价格明显偏低的种猪和仔猪。

正常价格

己备案车辆

69 生猪屠宰企业要严格入场查验，不得收购、屠宰哪些情形的生猪？

答： 无有效动物检疫证明的，耳标不齐全或检疫证明与耳标信息不一致的，违规调运生猪的，发现其他违法违规调运行为的。

70 跨省引进用于饲养的非乳用、非种用动物到达目的地后，应当如何报告？

答： 跨省、自治区、直辖市引进用于饲养的非乳用、非种用动物到达目的地后，货主或者承运人应当在24小时内向所在地县级动物卫生监督机构报告，并接受监督检查。

71 跨省引进种猪，应当如何申请办理跨省引进乳用、种用动物检疫审批手续？

答： 跨省引进乳用动物、种用动物及其精液、胚胎、种蛋的，申请人应当在拟调运前30～60天提出申请办理跨省引进乳用、种用动物检疫审批手续。

72 《跨省引进乳用种用动物检疫审批表》有效期是多久?

答: 《跨省引进乳用种用动物检疫审批表》有效期是7～21天,养殖场(户)应当在其有效期内引进,逾期引进的,应重新办理审批手续。

73 跨省引进乳用、种用动物落地后,如何实施隔离观察?

答: 跨省、自治区、直辖市引进的乳用、种用动物到达输入地后,在所在地动物卫生监督机构的监督下,应当在隔离场或饲养场(养殖小区)内的隔离舍进行隔离观

大中型动物
(45天)

小型动物
(30天)

察，大中型动物隔离期为45天，小型动物隔离期为30天。经隔离观察合格的方可混群饲养；不合格的，按照有关规定进行处理。

74 跨省引进非种用动物落地后，未按规定报告的，如何处罚？

答： 跨省、自治区、直辖市引进用于饲养的非乳用、非种用动物到达目的地后，未向所在地动物卫生监督机构报告的，由动物卫生监督机构处五百元以上二千元以下罚款。

75 未办理审批手续跨省引进种猪的，如何处罚？

答： 未办理审批手续，跨省、自治区、直辖市引进乳用动物、种用动物及其精液、胚胎、种蛋的，由动物卫生监督机构责令改正，处一千元以上一万元以下罚款；情节严重的，处一万元以上十万元以下罚款。

76 跨省引进种猪未按规定进行隔离观察的，如何处罚？

答： 跨省、自治区、直辖市引进的乳用、种用动物到达输入地后，未按规定进行隔离观察的，由动物卫生监督机构责令改正，处二千元以上一万元以下罚款。

77 违规调运生猪，引发重大动物疫情的，需承担刑事责任吗?

答: 违反国家有关规定调运生猪，引发重大动物疫情，或者有引发重大动物疫情风险，情节严重的，涉嫌构成《中华人民共和国刑法》第三百三十七条规定的妨害动植物防疫、检疫罪，处三年以下有期徒刑或者拘役，并处或者单处罚金。